地球遺産 巨樹バオバブ

BAOBAB

写真 吉田 繁

講談社

Y
SHIGERU YOSHIDA

ここのすばらし
さを伝えるため
にせめて、僕は
せっせと写真を
撮ろうと思う。

CONTENTS

BAOBAB

PHOTO/SHIGERU YOSHIDA　TEXT/SETSUKO KANIE　DESIGN/SATORU SHIMIZU

マダガスカルにはグランディディエリ、ザー、フニィ、ディギタータ、スアレゼンシス、ペリエリ、マダガスカリエンシス、アルバといった8種類のバオバブが分布している。ディギタータだけはアフリカ大陸から持ち込まれたものだといわれているが、ほかはマダガスカルの固有の種類。バオバブの種類が地球上でもっとも多いため、バオバブ原産地ともいわれている。種類によって樹形がまったく異なるが、同じ種でも土壌の性質によって樹形が異なるのもマダガスカルのバオバブの特徴だ。

マダガスカルのバオバブ分布域　※マップの□部分がバオバブが生育している地域(分布域は湯浅浩史『森の母バオバブの危機』NHK出版より抜粋)。

アフリカに生育するバオバブは、ディギタータ1種類。これが『星の王子さま』に描かれたバオバブのイラストのモデルといわれている。南アフリカの一部、ジンバブエ、ケニア、タンザニアなどアフリカ南東地域以外にも分布域は非常に広く、セネガル、ナイジェリアなどの西部域にも分布している。アフリカ大陸のバオバブは太いものが多く、幹回りが50mを超えるものもあるといわれているが、確認できている最大の巨樹は南アフリカの幹回り45.1mのバオバブだ。

アフリカのバオバブ分布域　※マップの 部分がバオバブが生育している地域(分布域は湯浅浩史『森の母バオバブの危機』NHK出版より抜粋)。

オーストラリアに生育するバオバブはグレゴリー1種類のみだが、この種類はオーストラリアでも最後の秘境と呼ばれる西オーストラリア州北西部に広がるキンバリー地域だけに自生している。マダガスカルにあるバオバブの種子がインド洋を渡って北西海岸に流れ着き、独自の進化を遂げたと考えられている。呼び名のほうもオーストラリア流に変わり、バオバブではなく「ボアブ」。サイズは大きくないが、奇妙な形をしている木が多く、たわわに実をつけるのが特徴だ。

オーストラリアのバオバブ分布域　※マップの □ 部分がバオバブが生育している地域(分布域は湯浅浩史『森の母バオバブの危機』NHK出版より抜粋)。

F

A

B

G

C

H

D

●P12上　アフリカ大陸のバオバブ（Adansonia digitata）の花。●P12下　オーストラリア大陸のバオバブ（Adansonia gregorii）の種。●P13-A　マダガスカル島のバオバブ（Adansonia madagascariensis）の花。マダガスカル島のフニィ（Adansonia fony）やザー（Adansonia za）の花もこれに似ている。●P13-B　グレゴリーの花。●P13-C　ディギタータの種。●P13-D　グレゴリーの実。●P13-E　フニィの実。●P13-F　グレゴリーのつぼみ。●P13-G　アフリカ大陸のディギタータの実。●P13-H　マダガスカル島の代表的なバオバブ（Adansonia grandidieri）の花。

E

バオバブは地球が生き残れるかの指標

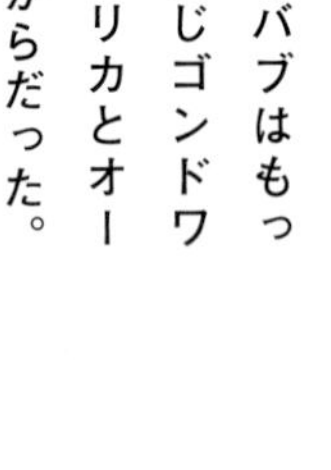

「オーイ、みんなバオバブに気をつけるんだぞ！」

サン・テグジュペリの童話『星の王子さま』のなかで、サハラ砂漠に不時着した飛行士はこう叫んだ。

王子さまの星にある悪い種。それがバオバブの種だ。種はほうっておくと星一面にはびこり、王子さまの星を壊滅させるほど巨大になる。その様子を描いたバオバブの木の挿し絵もまた、子ども心には相当に強烈だった。以来、僕は、この星を食べつくすという、悪の代名詞のような木が本当にあるなら会ってみたいと思い続けてきたような気がする。

サン・テグジュペリがセネガルで見たディギタータという種類のバオバブは確かに威圧的な木だ。根元はゾウの足のようだし、「UPSIDE-DOWN TREE」ともいわれるように、木を引っこ抜いて逆さに植えたような妙な樹形をしている。アフリカではゾウが樹皮を好んで食べるため、樹皮がはがれてすごい形相になっていることがあり、薄暗くなると森の魔物にでも出くわした気分になることもある。バオバブが怪獣めいた、悪い木の代表のように描かれるのも致し方ないだろう。

大人になってから、バオバブが実在の木であることがわかると僕はとても驚いたが、もっと驚いたのは、現実のバオバブは星を食べつくすような悪い木ではなく、人々や動物に愛されている木だったことだ。それに、バオバブには『星の王子さま』の挿し絵に似ているディギタータ種だけでなく、形や大きさのまったく異なる種類がたくさんあったのには目を見張る思いだった。それがきっかけでバオバブに会う旅が始まったのだと思う。

バオバブはキワタ科アダンソニア属。現在の分類ではアフリカに1種類、マダガスカルに8種類、オーストラリアに1種類分布している。実際には、樹皮はロープやカゴに、花や葉は食料に、種子は食用油にとても有用だ。もちろん、大きくなるにつれて土地を荒らしたりなどしない。

さらにいろいろ調べてみると、バオバブは約3億年前から1億年前まで南半球にあったとされる超大陸ゴンドワナの〝忘れ形見〟だとも思われていた。ゴンドワナは分裂して後、南極、南アメリカ、アフリカ、オーストラリアの諸大陸およびアラビア半島、マダガスカル島、インド半島、ニューギニアになったといわれるほど壮大な太古の大陸。そのちょうど中心近くに位置したと思われるマダガスカルにバオバブはもっとも多くの種類が残り、同じゴンドワナの大陸から分岐したアフリカとオーストラリアに存続しているからだった。

『星の王子さま』ではバオバブが星を壊すと書かれているが、実はバオバブの故郷といわれているマダガスカルではいま、人口増加に伴う爆発的な水田開発の影響でバオバブの巨木がバタバタと倒れ始めている。現実世界で星を壊しているのは、バオバブではなく僕たち人間のほうなのである。

さまざまな国でバオバブの写真を撮りながら、僕には悪い種はむしろ人間たちだと思えてきた。バオバブがずっと生き続けてくれればきっと、僕らの星も壊れない。「バオバブは地球という星が生き残れるかどうかの指標」だと僕には思えてならない。

童話『星の王子さま』で、サン・テグジュペリが描いているバオバブの木。　図版提供　Succession A.de Saint-Exupéry

M

MADAGASCAR

マダガスカル島　日本の1.6倍の面積を持つマダガスカルは世界地図の上で見ると、アフリカ大陸の右下(南東)に浮かぶサツマイモのような形の島だ。しかし、植物学者たちはこの島を「第7の大陸」と呼ぶ。アフリカ大陸とは400kmほどしか離れていないのに、動植物の固有種が圧倒的に多いからだ。たとえば、この島の花の咲く植物のうちの4分の3(あるいは9割)がこの島にしかない。横っ飛びするワオキツネザルなどの原猿類や、枝ではなく幹から直接小さな葉が芽吹く巨大なサボテンのような木、まっ赤な花が咲く壺のような木など、世界中のどこでも見たことがないような生きものがマダガスカルにはたくさんいる。だから、不思議の島とか、島というより大陸と呼ぶのにふさわしいといわれているのだ。そんなマダガスカルの不思議な生きものたちのなかで、いちばん大きいのが何を隠そうバオバブの木だ。マダガスカルのバオバブは不思議の島を代表する植物なのである。

●P17　マダガスカル西部ムルンベ近郊のアンドンビリにあるグランディディエリ。ここも実は海近くでずんぐりした形。しかし、幹回りはなんと24.3mもある。スマートなバオバブアベニューのバオバブと同じ種類とは思えない。　●P18～19　ムルンベから南へ100kmほど行ったアンバリラオ村の近くで、通称「バオバブのたくさんあるところ」。大潮のときには海水が入り込む干潟であるため、サンゴ草（手前の赤い草）が見られる。樹高は10m以内のものが多いが、グランディディエリが地平線に並ぶ景色はまさに圧巻。　●P20　その群生地のなか。多くのバオバブに囲まれているため、バオバブの国に迷い込んだような気分になる。

大潮は来るべきか否か

バオバブは育った環境によってその姿を大きく変える。石灰岩土壌ではどちらかというとずんぐりした形になり、マダガスカルでよく見られる赤土のラテライト土壌ではすんなりまっすぐと伸びる。

乾燥したところで育っている木もあれば、水田が間近に迫っているところや、海辺に近いところに育っているものもある。バオバブはその環境に適応していく能力があるようだ。というより、一度、芽を出してしまったら木は動くことができない。どんなに生きていくことが難しいところであっても、なんとか順応しているのだと思う。

ムルンベから南に１００キロメートルほど行った海の近くにグランディディエリの群生地がある。石灰岩の土壌のため、背が低くずんぐりとした樹形に育っているバオバブとはここのことだ。対照的に、背が高くスマートに育っているのが、バオバブの並木で有名なムルンダバのバオバブアベニューの木で、こちらも同じグランディディエリという種類である。

バオバブアベニューのほうはいわば観光地でもあるため、マダガスカルのバオバブの風景はみんなこんな感じだと思われているみたいだが、この「ずんぐりむっくり」した形のバオバブのほうに僕は魅かれている。写真に撮ってみても断然おもしろい。

絵柄としておもしろいだけでなく、この地域にはほとんど人がいないせいか独特の雰囲気がある。乾燥した石灰岩でゴツゴツとした大地にバオバブだけが林立しているのである。そのため、とくに地名のないこの場所を地元の人々は「バオバブのたくさんあるところ」と呼んでいる。バオバブの間を歩いていると、まるで太古の時代にタイムスリップしたような気がしてくるのだ。

この風景を少し離れたところから撮ってみるとさらにおもしろい。バオバブの群生地の周囲には赤いサンゴ草が群生しているからで、赤いサンゴ草と奇妙な形のバオバブの対比がとても珍しいのだ。

しかし、実はここはバオバブが生きるか滅びるかのしのぎを削っている場所だ。

サンゴ草はアッケシ草ともいい、北海道の能取湖や厚岸湖、サロマ湖の周辺など、塩分の多い湿地を好んで生える雑草。一年に何回かしか満ちて来ない海水がやって来るのを待っているのである。

サンゴ草は海水が来ないと生きてはいけない。だが一方で、海水に長く浸かってしまうとバオバブは生きていけない。一見、鮮やかできれいに見えるバオバブとサンゴ草がつくる風景だが、その底には互いの命のせめぎ合いが潜んでいるのだ。

バオバブがことさらずんぐりして見えるのも、土壌の関係から背が低いだけではない。牛の飼料にするために枝を切られているからである。そんなふうにここの景色を見ていると、バオバブがずんぐりとしてさらに奇妙な形をしているのも、苦渋の表情を浮かべているように見えてくる。

夕暮れどき、なかでも背が低いバオバブによじ登ってみた。バオバブの上に立って景色を眺めると、サンゴ草の絨毯は夕日に照らされてよけいに赤い。ギリギリのところで生育しているバオバブとサンゴ草。命のはかなさと強さ。

バオバブとサンゴ草の生存競争は日々続いている。しかし、透き通るような夕日に照らされてバオバブは静かにサンゴ草に影を落としているだけだ。僕にはどうしたってこの風景がきれいに見えてしまい、カメラマンとしてはやはり撮らずにはいられない。

●P23　ムルンダバ近郊のバオバブアベニューで撮影していると、もの珍しそうに近所の子どもたちが集まってくる。キャンディーをひとつあげると、うれしそうに口に入れていた。水田がどんどん増えていく環境の変化をこの子たちはどんなふうに感じているのだろうか。●P24～25　スマートな姿のグランディディエリが立ち並ぶバオバブアベニューの夕暮れ。数年後にはここの風景も変わっているかもしれない。

ご飯かバオバブか

「ここには後継樹がいない。こんなにたくさんバオバブがあるのに子どもの木が見当たらない」と、一緒にマダガスカルを旅していた林学科の名誉教授が盛んにひとり言をつぶやいた。

確かに、アフリカやオーストラリアで見たバオバブの群生地にはたくさんのバオバブの子どもの木を見ることができる。しかし、バオバブアベニューの名前ですっかり観光地として定着したあたりではとくに、小さなバオバブを探すのは至難のワザだ。

若木が見当たらない理由はいくつか考えられるが、その一つは水田開発だろう。

マダガスカル人の主食は米である。それも一人がかなりの量を食べる。田舎の村の食堂に入ったことがあるが、大皿に山盛りいっぱい盛ったご飯に油で煮た小魚とスープらしきものをかけて食べていた。ご飯茶碗に換算すると3膳くらいに相当する。そんなにたくさんのお米を食べるマダガスカルで30年前６００万人だった人口は、現在１８００万人近くに激増している。

しかも、バオバブアベニューの近くで開墾をしている人に聞いてみると、5年間耕し続けるとその土地が自分のものになるという。はるばる遠くの外国から来る観光客たちがフォトジェニックな場所だと言おうが言うまいが、いま耕しておけば未来永劫自分の家族の食糧を調達できる所有地になるなら、水田づくりにせっせと励まないわけにはいかない。

バオバブアベニューの周辺は最初に訪ねた１５年ほど前と比べると、景色は一変した。たまに牛車が通るだけだったのんびりした道には農具と人をたくさん乗せたトラックが走る。バオバブアベニューのあるムルンダバの町にもガソリンスタンドができ、タクシーが走っている。人の数も家も急激に増えている。その分だけバオバブの周りは水田だらけになったのだろう。

しかしその反面で、古着のショートパンツだけで上半身裸という少年はいなくなり、みんなきれいなシャツにパンツをはいている。町中では裸足の子どもを見ることも少ないし、きんぴかの中国製自転車に乗った茶髪青年さえもいた。首都とこの町の中心地以外はまだまだ素朴な暮らしをしているマダガスカルだが、都市化の波に洗われたムルンダバはとても活気づいている。町の人はみなその発展をとても喜んでいるようなのだ。

水田化が広がることで、バオバブの若木だけでなく、根元を水にさらされた巨木も徐々に倒れ始めた。

しかし、発展していく町とともに人々の生活水準は確実に上がっていて、それが人々の顔を明るくしている。僕には人々のそんな生き生きとした表情もまたうれしいのだ。

さらなる進化の過程でバオバブは勝者となるか敗者となるか。それは僕にはわからない。

地球の温暖化が進んで乾燥地帯が増えてくると、乾燥に強いバオバブには好都合だという人もいる。しかし、現在のマダガスカルでは温暖化よりも水田化や都市化の波のほうが数倍も速そうだ。

バオバブアベニューがマダガスカルを代表する観光地であろうと、そこに暮らす人にとっては明日のお米のほうが大切なのはしかたのないことだ。バオバブアベニュー以外の場所でも、道路工事のためにバオバブが倒されているところがあった。

いつか、バオバブは『星の王子さま』の本でしか見ることができない木になってしまうのだろうか。そうならないように、ここのすばらしさを伝えるためにせめて、僕はせっせと写真を撮ろうと思う。

●P26とP27　バオバブアベニューにはバオバブの巨木が多い。ここは空気が澄んでいるせいか朝日や夕日がとてもきれいなので、昼間訪ねるよりもこの時間帯がいい。雲と空、バオバブと光がつくり出す世界は刻々とその姿を変え、時間の経過を忘れさせる。同じ場所で撮影していてもすぐに景色が変わるので、いくら撮影しても撮り終えたという感じにはならない。撮り漏らさないように、まるで追いかけっこをするように撮影しているが、バオバブは結局いつもつかまらない感じがする。●P28〜29　本来はブッシュなのかもしれないが、低木がないのでバオバブを撮影するのには好都合だ。牛の放牧のために野焼きしているので昼間は黒く焦げた草がやけに目につく。美しすぎる景色だが、ここは決して本来の姿ではない。

地平線に沈む夕日がずんぐりした形のバオバブを赤く染める「バオバブのたくさんあるところ」の夕暮れ。牛のために伐られているため、極端に枝が少ないのがわかる。

まるまると太った形は乾期に耐えられるように、幹のなかにたっぷりと水分を含んでいる証拠でもある。

●P32とP33　ムルンベからスタックしそうな砂だらけの道を車で半日がかりで行ったところにベボアイという場所がある。バオバブが川に面して林立しているところで、バオバブを見るのにこれほど優雅な風景はない。近くに村があるせいか、牛を追う子どもの姿を頻繁に目にする。川の流れはとても穏やかで、ピースフルな楽園のような場所だ。地名のベボアイとは「ワニがいるところ」という意味で、川には確かにワニがいる。あるとき、旅行者が一列になって浅瀬を探して川を渡り始めると、ワニが川面から顔を出して見ていて、最後尾の人が渡り始めたとき、初めて旅行者はワニがいることに気がついて、それはもう大慌てで川を渡ったという。その慌てた格好がおもしろかったと、近所の村人がやって来て盛んに身振りをマネて話してくれる。ここでは時間がとてもゆっくりと感じられる。

森の母は万能薬

マダガスカルではバオバブのことを「レニアラ」と呼ぶ人が多い。レニは森、アラは母、レニアラとは「森のお母さん」という意味だ。バオバブは2年間雨が降らなくても生きていくことができるといわれているとても強い木だ。それにマダガスカルではバオバブよりも大きな木はない。この国には肝っ玉母さんのように頼りがいがあって、恰幅のいいお袋さんが多いから、こんなふうに呼ぶのかとも思ったら、そうではないらしい。バオバブが人々の暮らしに果たす役割がとても大きいからなのだ。

地域によってバオバブの利用法はさまざまだが、聞くところによると100ぐらいはあるというから驚きである。

バオバブはまず存在そのもので神さまのような役割を果たしている。「サクレ」と呼ばれている聖なる木で、人々はこの木にお供えをして、シャーマンに頼んで子宝や病気の回復を祈る。サクレになっているバオバブはそれこそ大事にされていて、勝手に近づいてはいけないものもある。

具体的な利用例として僕が最初に見たのは、バオバブの樹皮を屋根材として使用している家だ。撮影中に実際、はいだばかりの白くて薄い樹皮を天秤棒に担いで、町の市場まで持っていくという村人に会ったこともある。バオバブの幹に四角い傷があるのはそのはいだ跡だが、人々はダメージを与えない程度にうまく樹皮をはぐ。樹皮は裂いてロープにもするそうで、このロープは牛の手綱や魚網用に使ったりしている。パッキング時の詰めものに利用するほかにもゴザや楽器の弦、赤い染料として使用するらしい。

樹皮は薬としても優秀で、マラリアや下痢止め、解熱・解毒、虫歯、食欲不振、腰痛などに利用されている。

薬という意味では樹皮だけでなく、葉は喘息、利尿剤、強壮剤、熱病、下痢と赤痢、腰痛、結膜炎などに使われ、根はマラリアや強壮剤に、果肉は火傷や結核、果皮は傷、種子は虫歯、歯肉炎、マラリア、はしか、胃炎に使われるというから、バオバブはほとんど万能薬である。

食用としては葉が食べられている。以前、某醤油メーカーに勤めていたことがありどこの国へも醤油を持参する友人と、バオバブの若葉に醤油を垂らして食べてみたことがあるが、少し粘り気があるオクラのような葉はとてもうまかった。以来、僕は味を占めて、インスタントラーメンなんかに入れたりして食べている。これは本当にうまい。実際にも葉は雑炊に入れられたりしているようだ。

子どもたちが好きなのはバオバブの果肉だ。実の硬い果皮を割ると種子より先に種子を包む白い粉状の塊が目に飛び込んでくるのだが、これを口に含むと、少し酸っぱいサツマイモのような味がする。子どものおやつとしてはちょうどいい。

種は食用油にしたり、髪油にしたりする。種から油を採るにはたいした手間がかかるらしいが、村へ行くと、姉妹でバオバブ油を使って髪を結い合っているのをよく見かけた。

果肉や種を利用した実の外側もそのまま捨てたりはしない。きれいに果肉や種を取り除いて、食器やコップなどの容器として使われている。これでビールを飲むとかなりうまい。

立っているバオバブそのものも役立っている。大きなバオバブは中がうろになっているものが多いので、ここは水の貯蔵庫や穀物倉庫などに利用されている。大木の少ないマダガスカルではバオバブは日除けにもなる。森のお母さんは木材としては利用できないが、誠に暮らしに役立つ木なのである。

●P34　ほとんどのバオバブ群生地には民家は見当たらないが、撮影しているとかならず、近所の村から子どもたちがいつのまにか集まってくる。はにかんだような笑顔だが、ずっと撮影を興味深そうな目で見ているので、僕はいつも写真を撮ってあげることにしている。バオバブの右側に見える小さな杭の列は実や枝を採るために打たれたもの。●P36〜37　ムルンベ近郊で見つけた幹回りが28.7mのバオバブ。この周囲には20mを超えるバオバブが数本あった。アフリカのバオバブ、ディギタータは幹回りが30mを超えるものも珍しくないが、グランディディエリで20mを超えるものはかなり珍しい。この国にはまだまだ見つかっていない巨木がありそうだ。

巨鳥の代わりに種を蒔こう

マダガスカルを旅していたある日、ホテルで大きな卵を見せられた。絶滅したエピオルニスという巨鳥の卵だという。マダガスカルの南端にあるフォーカップ岬の砂丘地帯が産卵地だったらしく、そこで見つかった卵の破片を上手にくっつけて復元したものだ。エピオルニスのうちの最大種の学名は**Aepyornis Maximus**「最も背が高い鳥」という意味だそうだ。

絶滅した背の高い鳥といえば、19世紀に絶滅したニュージーランドの恐鳥ジャイアントモアがいる。この鳥は首を伸ばすと高さは約3・6メートルにもなるというが、体重は250キログラム。一方、マダガスカルのエピオルニスは背の高さ3メートルほどだったが、体重は450キログラムもあったという。背こそジャイアントモアには負けたかもしれないが、地球史上「最も重い鳥」だったようだ。

こんな重量級の鳥であれば卵も巨大である。直径は約30センチメートル、重さは約10キログラム。殻の厚さでも約3ミリメートルぐらいはあったという。ダチョウの卵の約7～8個分だったというからその巨大さがわかる。

しかし、天敵がいなかったせいだろう。飛ぶための筋肉が発達せず、飛ぶことはできなかった。東南アジアからこの国に人が渡ってくるようになってから徐々にその数を減らし、1848年に卵を確認したという記録を最後に、歴史からも姿を消した。現在は首都アンタナナリボの科学アカデミーに骨格標本が展示してあるだけだ。

エピオルニスの復元した卵を見て以来、僕にはマダガスカルの大地が妙にエキゾチックに見えてきた。この鳥が生きていた当時、例えば木陰で寝ていてふと気がつくとこんな巨鳥が目の前に立っていたりしたのだ。さぞかし驚いたことだろう。人間のほうが食べられてしまうかもしれないと脅《おび》えたかもしれない（いや、「うまそうだ」と思った人間がいたから、彼らは絶滅したのだが……）。

ムルンダバの南にあるチュレアールという町からさらに南に下ったところにバオバブの群生地がある。この地域はまだまだ人が少なく、フニィやザーという種類のバオバブが多いところだ。民家はなく、ブッシュのなかにトックリ型のバオバブが見える場所なのだが、ここはエピオルニスがとても似つかわしい。いま、この巨鳥が歩いていたとしても僕にはまったく違和感がないだろう。

実際、この地域を旅していたとき、エピオルニスがもしかするとバオバブの実を食べていたかもしれないという話を聞いた。

バオバブの実は地上に落ちただけでは発芽率は悪い。種には発芽を抑制する物質がついていて、何かインパクトを与えないと発芽しない。バオバブは動物が食べることで、発芽しやすくなるのだ。エピオルニスがバオバブの実を食べていたとすると、エピオルニスはバオバブと共存していたことになる。チュレアールとフォーカップは300キロメートルぐらいの距離で、気候的にも似ている。この話、まんざら眉唾でもないと僕には思えた。

しかし、もしもバオバブとエピオルニスが共存していたとすると、片方は絶滅してしまったわけだから、繁殖のための相棒を失ったバオバブはいま何を考えているのだろうか。

バオバブの実を食べると甘酸っぱい味が口のなかに広がる。この味はもしかすると、エピオルニスが食べやすいようにバオバブが味を進化させていたのかもしれない。

そう想像すると、マダガスカルにいる間だけでも実を見つけたら、果肉を舐めて、エピオルニスの代わりに種をたくさん土の上に落とさなくてはいけないと思う。で、結局、実を見つけると僕の口のなかはいつも甘酸っぱい味になるのである。

●P38右上　自分で採ってきたバオバブの実を売る少年。●P38右下　グランディディエリの花。●P38左　年輪のないバオバブは倒れるとチップ状に粉々になるが、このなかにこんな固い玉があった。これはエピオルニスの卵ではなく、バオバブの内部にできたコブらしい。●P39　復元したエピオルニスの卵を少年に持ってもらった。僕がこの卵を見せてもらったのはフォーカップではなく、産卵地から遠く離れたムルンダバのホテルだった。

●P40～41とP42とP43　バオバブはマダガスカル以外にもアフリカ大陸とオーストラリア大陸にあるが、写真を撮っていていちばん絵になるのはマダガスカルだといっていい。バオバブがとてもユニークな形だし、なんといっても空がいい。乾期の空はとてもきれいな色だし、雲にも表情がある。ファインダーに広がる風景をじっと眺めていると、どうしても別の惑星に迷い込んだ気分になってしまう。●P44～45　ベボアイ川の近くのグランディディエリの群生地。緑に囲まれたバオバブの風景もまた美しい。川に向かって下降している丘の上に立つと、ほかの木々からバオバブが頭を出して並んでいた。遠くから眺めてもバオバブは一目でわかる。●P46～47　つぼみと花がついたグランディディエリの枝先をマダガスカルのカラスが飛んで行った。パンダのような白と黒の色合いがかわいらしいが、日本のカラスよりもすごい鳴き声はまるで絶叫しているようだった。

そのバオバブは真夜中に大音響とともに倒れた。マダガスカルでも最近ではめっきり少なくなってしまった「バオバブ・サクレ」といわれている聖木の一本だ。

深夜に倒れたが、その大きな音はぐっすりと眠っていた周辺の村人たちを起こすには十分だった。いつものようにひっそりとした静まり返った深夜だったし、バオバブはかなりの巨木だったからだ。普段聞かない変わった音に、村人たちはいったい何が起こったのかと飛び起きたという。

バオバブ・サクレにはそれぞれ、その木を守るシャーマンがいる。シャーマンとは神や精霊、死者に祈りを捧げて、その力を借り、予言や治療をしてくれる呪術師のようなもの。マダガスカルの田舎はまだ電気も水道もない。医者なんていないし、警官だって弁護士だっていない。病気、悩み事、もめ事、何か困ったことが起きれば、いまでもみんなシャーマンのところに行く。すると、シャーマンは聖木に祈りを捧げて、村人の相談事を解決する。つまり、バオバブ・サクレは神や精霊の依り代だ。だからシャーマンはこの木をとても大事にしているし、シャーマンを尊敬し頼りにしている村人もまた、バオバブ・サクレを非常に大切にしているのだ。

この倒れた聖木を守っていたシャーマンは木から遠く離れた場所に住んでいた。翌朝、木が倒れたことは知らないだろうと、村人の代表が報告に行った。すると、シャーマンの家までは倒れた音は届くはずもないのに、シャーマンにはそれがわかっていたという。やっぱりシャーマンはすごい。すべてお見通しなのだ。そして、彼は啓示のようなものを村人に告げた。

「倒れたサクレはもう聖木ではありません。スピリットが抜け出し、天を駆け抜けて行ってしまったからです。新しいサクレを探さなくてはなりません。その木はまだ小さいけれど、倒れたサクレの北側のブッシュの中に2本あります。急いで行って、探しなさい」

そして、この巨木が倒れた理由は寿命だといった。村人はシャーマンがサクレが倒れたことを知っていたことにも驚いたが、このお告げにはもっと驚かされた。この聖木のバオバブのまわりにバオバブがあるとすると、間違いなくこの倒れた聖木の子どもだろう。しかし、いままでそんな木があることを誰も知らなかったのだ。

村人たちは手分けして倒れた聖木の北側のブッシュに分け入り、子どものバオバブを探した。すると不思議なことに、すぐに子どものバオバブを見つけ出すことができたという。高さはわずかに1メートルほどの小さなバオバブだったが、確かに2本見つかった。

そうして、この2本の小さなバオバブをサクレにするための儀式をすることになった。木は育っただけではただのバオバブだが、シャーマンが祈禱し、スピリットを木に宿すことによってサクレになるという。

サクレというのは不思議なものだ。僕はマダガスカルのほかの場所でもサクレを見たことがある。印象としては何となく薄気味悪いといった感じだ。ある一定の距離より近づこうとすると「それ以上は近寄ってはいけない」と村人に止められる。しかし、それ以上に近寄りがたい何かが発せられているような感じを受ける。写真を撮影するためにどうしても近寄りたいというと、そのためには山羊1頭を生け贄用に捧げ、シャーマンに祈ってもらわなければならないといわれた。

シャーマンが祈禱を捧げるバオバブはやはり神聖な木でなくてはならない。むやみやたらと人が踏み荒らしてはいけない。そのため、神に対して恐れや信頼を捧げる地は、やはり少しばかり薄気味の悪いものになっていく。聖なるバオバブが神々しいのは、そうした多くの人の意識が注ぎ込まれているからなのかもしれない。人が自然の樹に感謝し、祈りを捧げるときにサクレは神々しさを増し、人が意識しなくなった途端に木は単なる倒木に変わる。

村では新たなバオバブをサクレにする儀式が始まろうとしている。生け贄に捧げられるのは、赤い牛と頭が白くて体が黒い牛。シャーマンが指定したもので、赤い牛とは赤茶色の牛。ラム酒やトウモロコシ、米など、お供え物も細かく指定されていた。

サクレになったばかりの小さなバオバブのまわりの下草は刈られ、少しずつ神聖な場所に変わっていく。自然への畏敬。恐れ。収穫への感謝。人々が苦しさから逃れるための祈禱の土地。シャーマンの祈りが始まると、村人も同じようにバオバブに祈りを捧げる。

長い祈禱が終わると、捧げられた生け贄やお供え物を囲んで祭りが始まる。

多くの食物が用意されているので子どもたちはそのことが楽しみでしかたない。しかし、そんな子どもたちでも小さなバオバブが大切な聖なる木となったことをしっかりと感じ取っているようだった。

新しいバオバブ・サクレのためにお供え物が捧げられた手づくりの台。
その周囲には生け贄の血の跡がわずかに残っていた。

ムルンダバ近郊にあった在りし日のバオバブ・サクレ。
幹回りといい、枝ぶりといい、実に見事な巨木だった（1995年6月撮影）。

倒れたバオバブの根元。バオバブは倒れてからの分解が早く、
こんな大木でも2年もすれば間違いなく跡形もなくなるという。

倒れてしまった聖なるバオバブ（2004年6月撮影）。
村人はこの木が倒れた日は2003年9月28日だと
正確に日付を教えてくれた。

●P50　ムルンダバからキリンディに向かう途中にある別のバオバブ・サクレ。この木にはシャーマンが2人いて、子どもや牛が近づかないように離れた村から毎日見張りに来ていると話してくれた。●P51　サクレの前にある池で水浴びをしていた近くの村の子どもたち。水浴びを終えると、聖木の向かい側に立つ別のバオバブの木陰で休んでいた。

●P53　乾期のバオバブ。幹には樹皮を利用するためにはがされた跡があり、少ない枝は牛の飼料に利用されて短くなっている。葉も落葉しているが、太い幹のなかにはたっぷりと水分が隠されている。

奇妙な樹形の秘密はバオバブの構造にあり

「神さまが逆さまに植えた木」ともいわれているように、バオバブは枝が幹の上のほうにしかなくて、根のように見える。幹も何かが詰まっているみたいにふくらんでいる。

ほかの木とは違うこの樹形がおもしろいのか、バオバブは日本では本当に人気がある。試しにインターネット上のある検索サイトで、「バオバブ」と入れて調べてみたところ、美容院やイタリアンレストラン、喫茶店に、工務店、保育園、子ども服ショップ、声優プロダクションから怪しげな趣味人のサークルまで、なんと30万件以上ヒットしてしまった。

実際に出かけて行って何度も見ている僕にも、やっぱりバオバブは魅力的だ。木というより、ユニークな姿をした動物のようでもあり、すごく親しみが湧いてくる。だから、何度でも撮ってみたい被写体でもあるのだ。しかし、この奇妙な形には実はちゃんとした理由がある。

なぜ、こんな不思議な形をバオバブがしているかというと、マダガスカルには日本のように四季はなく、乾期と雨期がある。半年から9ヵ月も続く乾期にはほとんど雨が降らない。ときには異常気象で雨期がない年があり、まる2年間も雨が降らないということもある。バオバブが生きていくためには、水を節約することがとても大切だからだ。

バオバブは内部の木材繊維が極端にやわらかい。乾燥材にしたときには比重は0・15ぐらいだとされていて、これは軽いといわれている桐の木の0・28に比べても、実に半分ぐらいの軽さということになる。四季がないから内部には年輪がなく、バオバブはスポンジのような幹のなかにたくさんの水分を溜めている。ちょっとした水がめのような構造なのだ。

そんなやわらかな構造でどうしてあの巨体を保持できているのかといえば、それは樹皮が著しく発達しているからだ。大木になると15センチメートルもの厚さになるものもあるという。モノコック構造とでもいっていいだろうか。例えていうなら、卵のような構造と思ってもらえばいい。

さらに根も肥大化する。肥大化させているのは、ここにも貯水することができるようにするためだ。

マダガスカルは熱帯や亜熱帯に位置するため一年を通じて気温も高い。当然、太陽の光がさんさんと照りつけるのだが、このとき葉を繁らせていたのでは水分の消耗が激しい。葉がたくさんあれば養分もたくさんつくれるが、同時に葉は根から吸い上げた水分も蒸発させてしまうからだ。葉がたくさんあるとそれだけ水分も必要になってしまう。だから、葉の数を減らすため、バオバブは自分で下のほうにある枝を落としながら大きくなり、あんな形になるのである。

しかし、葉を減らせば光合成で獲得できる養分量も減ることになる。その代わりにバオバブは、樹皮の下を葉緑素で緑色にして光合成の問題を解決している。この緑色の層は、厚い樹皮の表面をナイフでごく薄く削るとすぐに見えてくる。緑の幹を薄くて茶色い樹皮で隠しているのは、いわばサングラスをかけて効率的に光合成を行うためである。

バオバブはそのユーモラスな形から僕らを楽しませてくれる。しかし、その樹形は実は、乾燥地で生き抜くためのバオバブ自身の進化の賜物なのだ。バオバブはかなりちゃんと環境を考えて、その構造をつくり上げてきたできるヤツなのだと僕は思う。

A

AFRICA

アフリカ大陸　ユーラシア大陸に次いで地球上で2番目に大きい大陸で、赤道と南北両回帰線が通る唯一の大陸だ。世界で最も長い川であるナイル川が流れ、灼熱のサハラ砂漠もあれば熱帯雨林もあるように多様な姿を見せている。気候は赤道を挟んでほぼ対照的で、温暖で湿潤な冬と高温で乾燥する夏がある大陸南部と地中海沿岸地帯。両回帰線周辺では雨が少なく大きな砂漠がある。赤道沿いの地域は雨が多く、うっそうとした熱帯雨林地帯となっている。しかし、バオバブはそういった熱帯雨林や砂漠にはない。乾燥地帯や疎林に自生している。例えばそれは、動物の保護区となっているような国立公園などである。そこではゾウがバオバブの樹皮を、マントヒヒが実を食べている。幹の洞にはコウモリ、根元にはヘビが棲んでいる。たくさんの動物とともにサバンナで生きているのがアフリカ大陸のバオバブだ。

●P55　南アフリカの「ビッグツリー」はこれまで見たバオバブで最も太い木で幹回り45.1m。ギネスブックでいちばん太いといわれるメキシコのヌマスギよりも太く、これまで見た全部の樹種のなかでも最も太い。●P56〜57　ジンバブエのゴナレゾウ国立公園にあるバオバブ。ゴナレゾウとは「ゾウがたくさんいるところ」という意味で確かにたくさんのゾウがいる。幹回り32.5m。●P58　ゾウはバオバブの樹皮をはいで食べる。ゾウの多いゴナレゾウ国立公園のバオバブには樹皮がはがれたものが多い。●P59　ジンバブエとの国境に近い南アフリカのメッシーナ近郊のバオバブ。最大のバオバブ「ビッグツリー」に向かう途中には幹回り30mを超えるバオバブが多い。動物保護区でなくゾウがいないため、バオバブは巨樹のままの形をとどめている。●P60〜61　タンザニアのタランギーレ国立公園。タンザニアやケニアの国立公園では野生動物を見ながらバオバブ見学ができる。野生動物の姿はこのうえなく美しく、壮大な風景のなかにバオバブが点在している。

バオバブの苦手はゾウとカミナリ

タンザニアのタランギーレ国立公園で幹の間をくりぬかれてしまったバオバブを見つけた。あんまりきれいに穴が開いているので、人間がやったのかと思ったら、犯人はアフリカゾウだった。

野生動物たちは自然にできた池のような水場にやって来て、水分補給するのだが、乾期には水場も姿を消す。そのため、ゾウはバオバブの幹にキバで傷をつけて樹皮をはぎ取り、内部を食べることで水分を補給している。バオバブの樹皮は厚く、ほかの動物であの固い樹皮をはがせるものはいないが、ゾウだけは簡単にはがすことができるのだ。サバンナには結構たくさんの傷ついたバオバブがあるが、それらはすべてゾウの仕業らしい。ゾウがたくさんいる国立公園ほど、樹皮がはがれたバオバブが多くて、バオバブ好きな僕としてはかわいそうでしかたがない。

バオバブ以外でサバンナでよく見かけるのはアカシアの木だ。この木が好きなのはキリンである。しかし、アカシアはバオバブのように食べられっぱなしではいない。キリンが食べ出すと、葉っぱのなかに毒性の物質を出す。そうするとキリンは葉を食べるのをやめるのだが、キリンに食べられたアカシアはその周辺のアカシアにも信号を送るため、周辺の木も同じように毒性の物質を出して、食べられないように身を守る。実に賢く進化を遂げている木だ。

バオバブはゾウに食べられつつもなんとか回復を果たすだけで、アカシアのように外敵から身を守る術はもっていない。まったくもって、のんびりした木だという気がする。僕としてはそんなのんびりした性格も好きだといえば好きなのだが……。やっぱりゾウがいない、民家の近くや牧場のようなところで元気にユーモラスな姿でいるバオバブを見るほうが安心できる。

サバンナではアフリカゾウ以外にもバオバブの大敵がもう一つある。それはカミナリだ。

草原でいちばん背が高いのはバオバブなので、当然、落雷の被害に遭いやすい。バオバブはカミナリが落ちるとダメージが大きく、枯れてしまうことも多いようだ。落雷にやられて幹の半分が枯れてしまったバオバブや、カミナリで倒れて段ボールの束のようになった木を見たことがある。紙類の束のようになっていたのは2ヵ月前に倒れたバオバブだというから、倒れてしまうとバオバブは本当に土に還るのが早い。大きな木でも2年経つと跡形もなくなるという。

僕はまだ見たことがないが、南アフリカに行ったとき、バオバブは落雷にやられると木っ端微塵に吹き飛んでしまうという話を聞いた。水がめのような構造になっているので、カミナリが落ちた瞬間に幹に電流が走り、それはそれはみごとに吹き飛ぶというのだ。

これまで見たバオバブのなかでいちばん大きい「ビッグツリー」という名の幹回り45・1メートルのバオバブを2度めに見に行ったときも、宿泊していたホテルのフロントの人に「あのバオバブは半年前の落雷で吹き飛んでしまった。いまはもう跡形もないよ」といわれてしまった。

カミナリで吹き飛ぶという話を聞いたばかりだったので、そのときばかりは意気消沈したが、行ってみると無事に以前の姿のままで立っていた。というわけで、カミナリでバオバブが吹き飛ぶのかどうかは、いままだ調査中である。

●P62　若い雄のゾウはとくに好奇心があり、攻撃的だ。バオバブの木陰で食事をしていると近づいてくることが多かったが、バオバブの樹皮を食べにやって来ていたのかもしれない。　●P63　タランギーレ国立公園の幹をくりぬかれていたバオバブ。このくらいゾウに食べられてもバオバブは枯れないが、落雷にやられると倒れてしまうことが多い。

●P65　タランギーレ国立公園のゾウに樹皮をはがれたバオバブ。ここのキリンたちはマサイキリンといって、見慣れたキリンの模様とは少し違う。●P66〜67　動物保護区でサファリのジープに乗っていると、ライオンのメスが木の上で遊んでいた。アフリカでバオバブを見ることは野生動物のなかに身を置き、大自然のいのちの美しさを感じることなのだろう。●P68〜69　乾期のタランギーレ国立公園。アカシアの木にほんの少し緑が見えるが、ほとんど草も生えていない。こんなときは水分を溜め込んだバオバブはゾウにとっては生命の水がめになる。●P70〜71　幹の上部に穴が開いたこのバオバブは、ずっと以前にゾウに樹皮をはがされたまま大きくなったようだ。

郵 便 は が き

料金受取人払

小石川局承認

1148

差出有効期間
平成18年8月
31日まで

112-8731

東京都文京区音羽二丁目
十二番二十一号

講談社 生活文化局

「単行本係」行

愛読者カード

今後の出版企画の参考にいたしたく存じます。ご記入のうえご投函くださいますようお願いいたします(平成18年8月31日までは切手不要です)。

ご住所　〒□□□-□□□□

お名前
(ふりがな)

生年月日(西暦)

電話番号

性別　1 男性　2 女性

メールアドレス

今後、講談社から各種ご案内やアンケートのお願いをお送りしてもよろしいでしょうか。ご承諾いただける方は、下の□の中に○をご記入ください。

□ 講談社からの案内を受け取ることを承諾します

本のタイトルを
お書きください

a　**本書をどこでお知りになりましたか。**

1 新聞広告（朝、読、毎、日経、産経、他）　2 書店で実物を見て
3 雑誌(雑誌名　　　　　　　　　　　　　　　　）　4 人にすすめられて
5 DM　6 その他(　　　　　　　　　　　　　　　　　　　　　　　　　）

b　**ほぼ毎号読んでいる雑誌をお教えください。いくつでも。**

c　**ほぼ毎日読んでいる新聞をお教えください。いくつでも。**

1 朝日　2 読売　3 毎日　4 日経　5 産経
6 その他(新聞名　　　　　　　　　　　　　　　　　　　　　　　　　）

d　**値段について。**

1 適当だ　2 高い　3 安い　4 希望定価(　　　　　　　　　　　円くらい)

e　**最近お読みになった本をお教えください。**

f　**この本についてお気づきの点、ご感想などをお教えください。**

最大のバオバブを探せ!

アフリカ大陸へバオバブを探しに行き始めたのは、ギネスブックに「幹回りで54・5メートルを超えるバオバブもあるという」という文章を見つけたからだった。いまから10年以上前のことだ。日本で最大といわれる巨木でも幹回り約24メートルのクスノキだったし、世界最大といわれているメキシコのヌマスギでも幹回りは45メートルほどだ。54・5メートルという数字には驚いた。これは絶対に見に行かなくては、と思ったのである。

しかし、その50メートルをゆうに超えるバオバブには所在地の記載がない。バオバブのある国を探してみると、ケニア、タンザニア、ボツワナ、ジンバブエ、モザンビークにセネガルなど広大な地域に広がっている。それぞれの国の大使館などに問い合わせても、「どこどこあたりにバオバブの木はたくさんあります」程度の情報がせいぜい。54・5に近い数字はおろか幹回りのデータなど全然ない。

だが、僕はそこであきらめず、方向転換することにした。そもそも数字で権威づけしているギネスブックでさえ、「……あるという」なんて噂話みたいな書き方である。それならば、こちらも負けじと噂話の糸を手繰っていこう……。タンザニアの小高い丘の上に大きなバオバブがあると聞けば、とにかく行ってみる。こうしてアフリカの当たって砕けろ的バオバブ探しの旅は始まったのだった。

そんなアフリカの旅の数々だったが、4年ほど前こんなことがあった。南アフリカでジンバブエとの国境付近で幹回り45・1メートルのバオバブを偶然見つけたのだ。僕が知っている限り世界最大である。実は、このときたまたま頼んだガイドの父親の昔の赴任先がこの付近で、その当時大きなバオバブがあると人づてに聞いたことがあった。ガイドになった彼女がそれを覚えていて、調べて連れて行ってくれたのだった。もちろん、彼女もそこを訪ねるのは初めてだったし、まさかそれがそんなに大きなバオバブだとは思いも寄らない。ガイドをしている彼女ですら、こんな大きなバオバブがあることをそれまで知らなかった。

また、このとき宿泊したロッジの動物保護区では幹回り35メートルもの大きなバオバブも発見することになったが、その木のことはロッジのカタログにも載っていなかった。訪れてみて初めてわかったことだ。

タンザニアで訪ねたバオバブの木は、タンザニアのマニヤラ湖国立公園のすぐ隣だった。このあたりはフラミンゴが有名で、その数の多いことで知られている。ここの北側の丘の上に、そのバオバブは広大な国立公園を見渡すように確かに立っていた。しかし、その木は幹回り16メートルで決して大きくはなかった。「ああ、この木もたいして大きくなかったか」と少し残念になったが、そこから見える景色はこのうえなく美しかった。アフリカを旅していると、そこで出会う動物たちの美しさに目を奪われ、そこに流れる時間はとても尊いものに感じられる。バオバブもそうしたアフリカの大地の住人なのだ。幻のバオバブの巨樹を探す旅はそんな大地のなかに身を置くことでもある。ふと気づくと、大地や水、風や雲、木々や動物たちの美しさを実感し、そのなかに僕もいる。バオバブを探す旅は実はそうした周りの空間の美しさを体験し、そこに生きている喜びを感じることなのかもしれない。バオバブを探すことは結局そういうことなんだ。最近、僕はそう思っている。

●P72　マニヤラ湖国立公園を見下ろす丘の上に立つバオバブ。マニヤラ湖までは森が続き、湖岸にはカバが草を食べるためにはい回った跡があった。●P73　南アフリカで発見した幹回り45.1mのバオバブは僕がこれまで見たなかで最大の木。偶然、見つけたので巨大さには驚愕した。●P74～75　ナイロビからタンザニアに向かう途中、キリマンジャロを望む道路にマサイ族の村があった。男性も美しく着飾ったマサイ族たち。その村の中心にもバオバブの木が立っていた。

バオバブが笑顔を取り戻す日

ジンバブエ南端にあるゴナレゾウ国立公園は、僕がいちばん好きなアフリカンリゾートのひとつだ。川に面した丘の上にあるロッジは一部屋ずつ独立したコテージ式で、その室内はアフリカらしい調度品で飾られている。川を挟んだ対岸が動物保護区である国立公園なのだが、マントヒヒの仲間であるバブーンは部屋の前までやって来る。朝は彼らの声で目覚めることになる。丘の上の部屋から下の川を眺めていると、ワニが浅瀬でじっと昼寝していたり、ときどきカバが顔を出す。

ゴナレゾウとは「ゾウがたくさんいるところ」という意味だが、確かにこの動物保護区をジープで走り回ると、とてもたくさんのゾウに出会う。ここでは安全な場所では地面に下ろしてくれるので、昼時などランチボックスを広げて食事をすることもある。アフリカの動物保護区では野生動物を見学することをゲームドライブという。レンジャーが運転するジープに乗って保護区内を動物を探して走るからだが、ほとんどの場合、安全のためクルマからなかなか下ろしてくれない。しかし、ゴナレゾウではところどころで下ろしてくれるので、バオバブの写真を撮ったり、幹回りを測ることができる。その間、レンジャーがライフル銃を持って近くで守ってくれているから、危険なこともない。

僕はここで幹回り30メートルクラスのバオバブもたくさん発見したが、滅多に見られないという手のひらにすっぽり納まるくらい小さい薄水色に輝く真珠色のミミズクも見た。ゾウやシマウマ、カバなど野生動物本来の美しさにもとても感動した。

しかし、ここにはとてもかわいそうなバオバブもあった。シャドリックオフィスといわれているバオバブで、幹回り約35メートル、樹高約30メートル。推定樹齢は3000年。幹の下のほうにまるで怪物が口をひらいているように穴が開いている。太い幹の内部は空洞で、その名のとおりオフィスといっていいほどのスペースがあるのだが、このバオバブはどことなく気味が悪い。

レンジャーに話を聞くと、このバオバブはサイの死ぬところをたくさん見続けた木だという。シャドリックとはモザンビークの密猟者の名前で、彼がこのバオバブをアジトとして使い、幹に開いた穴からサイに向けてライフルを撃ち続けた。そのため、ここにはサイだけは一頭もいないのだ。

ゴナレゾウが国立公園になったのは1975年のことだが、シャドリックはその後もここに隠れては悪行を続けた。何度も逮捕されたのだが、それでも彼は密猟を止めず、逮捕されてもまた舞い戻り、殺したサイの角を売り渡していた。最後に逮捕されたのは1988年のことと聞いた。

サイの角は中国では精力剤として珍重されている。精力剤を使っていた人もまさか遠いアフリカの地でこんなふうに密猟されたものからつくられていたとは思っていなかったことだろう。

戦場で多くの死を目のあたりにした兵士は人生観が変わってしまうほど精神的ダメージを受けると思う。シャドリックオフィスというバオバブが薄気味悪いのは、シャドリックの振る舞いを見ていたからだという気がする。

そんなかわいそうなバオバブはあっても、ゴナレゾウ国立公園の自然は美しく居心地は最高だ。もう、シャドリックもいない。この保護区を訪れる人はみなここで自然の美しさを堪能している。いまはそんな人々のいい表情ばかりをこのバオバブは見ている。やがて、このバオバブもそれにつられて楽しい雰囲気に変わっていくだろう。幹に開いた穴は笑ったときに大きく開けた口にきっと見えてくるはずだ、と僕は信じている。

●P76とP77　シャドリックオフィスと呼ばれるバオバブを両側から撮った。シャドリックが銃口を出していた穴は幹の下方にある。火を焚いたときそこから煙が出てしまい、シャドリックは逮捕された。
●P78～79　アフリカのバオバブは『星の王子さま』のモデルになった木だが、王子さまの星を破裂させる悪い木ではなく、動物の住み処や食料になる役立つ木だ。

A

AUSTRALIA

オーストラリア大陸　ボアブ(バオバブのオーストラリアでの呼び名)があるのは、北西部のキンバリー地域だけで、ここには多くのアボリジニ(オーストラリア先住民)の人たちが暮らしている。アボリジニの人々は、ボアブの葉を食べるだけでなく、ピーナツのような味のする新芽の根の白いところを食べたり、果肉をお腹の薬として利用した。種も煎って食べたという。とくにボアブがたくさん生えているのは、雨期に池や溝川になる場所で、それは種が水の流れに乗って移動するからだという。そのため、何個かの種がごく近くで芽生えることも多く、合体木や密集して生えているボアブが目立つ。また例外的に、ゴツゴツとした岩山の頂上にもボアブは並んでいる。これはワラビー(有袋類で小型のカンガルーのような動物)が、ボアブの実を食べてその場所にフンをしたからだ。ボアブは、こうして自然や動物の力をうまく利用して、キンバリーの赤土の草原のあちこちに点在しているのである。

●P81　丘の上に点在するバオバブは間違いなく、鳥かワラビーが種を運んだものだ。車で走っていると、思いがけないところにバオバブの姿を見られるのもオーストラリアのキンバリー地域でのおもしろさだ。●P82～83　バオバブがあるのはクヌヌラからダービーへと繋がるギブリバーロード沿い。この未舗装路には300km以上ガソリンスタンドがなく、周辺はほとんど無人の大地だ。●P84～85　雨期には滝になるアボリジニの聖地。滝の上に登るとそこにもたくさんのバオバブが立っていた。●P86　バオバブの横を流れているのが降雨時に浸食されてできるガリ(gully=小峡谷)。この流れによってバオバブの種が運ばれて繁殖する。●P87　道のように見えているのが乾期のガリ。これをたどっていくとほかのバオバブを容易に見つけられる。

●P88　鳥大陸とも呼ばれるオーストラリアには約750種の鳥がいる。そのうちの210種がこの大陸の固有種。なかでも多いのがインコとオウムでこの白いオウム「キバタン」はバオバブの種を運ぶ鳥。
●P89　お腹の袋に子どもを入れたワラビーのお母さん。バオバブの実を食べて繁殖を助けてくれる動物。カンガルーより小型で鼻がそれほど長くない。

バオバブの種を運ぶもの

バオバブの下に張ったテントの中で寝ていると、「ギャー、ギャー、ギャー」と大きな声が響いた。キャンプをしていると夜は早く寝るし、朝は日が昇るのと同時に目覚める。こんな夜更けに安眠の邪魔をするのはどんなやつかと眠い目をこすりながらテントをはい出ると、隣のテントから顔を出したガイドが、「あれはオウムよ」と教えてくれた。満月で明るいせいか、まだ飛び回って鳴いていたのだ。ほかに何の音もしない赤土の草原ではうるさくて閉口したが、翌日ガイドに聞くと、彼らはバオバブの実を食べるという。山の稜線にバオバブを見つけることがあるが、それはオウムたちが実を食べた後で、そのあたりに種を排泄してくれたおかげらしい。彼らはバオバブの役に立つ生き物なのだ。

ここではワラビーもバオバブの実を食べる。ワラビーとはカンガルーを小型にしたような有袋類。顔のほうはラクダに似たカンガルーよりもとてもかわいい。バオバブを撮影中にも僕はワラビーをよく見ることがあった。オーストラリアのバオバブにとって、オウムとワラビーは自分の子孫を運んでくれる大切な生き物なのだ。

オーストラリアのバオバブは僕の印象ではマダガスカルやアフリカのバオバブよりもはるかに元気な感じがする。周囲にほとんど人が住んでいないから、生態系がちゃんと守られているのだろう。後継樹である小さなバオバブがとてもたくさんある。落ちている実の数もアフリカやマダガスカルに比べて格段に多い。こんな健全な生態系になるように、さまざまなオウムやワラビーがちゃんと働いてくれているのだ。

バオバブが効率よく子孫を残すために、オーストラリアのキンバリー地域では一役買っているものがもうひとつある。それがガリと呼ばれている小さな川だ。乾期には水なし川になるが、雨期になるとバオバブの種はこの川の流れに乗って移動する。その証拠にバオバブはガリに沿って立っている。乾期でも、川のようにえぐれて一段低くなったような道をたどっていけば、バオバブに出会える。

雨期になってガリに水が流れるころ、ちょうどバオバブは実をつけている。動くことのできないバオバブは、自分の子孫を残すために自分の種をだれかに託さなくてはいけない。それは動物でもいいし、昆虫でもいい。水の流れだっていいのだ。決して大きな川ではないが、川に沿ってバオバブはかなり遠くまで生育地を広げている。運ばれた先でワラビーやオウムが種を食べて、より分布を広げられるということもあるだろう。

オーストラリアのバオバブの生育地ではこんなふうに生態系がきちんと成り立っている。以前は、夜中に鳴き叫ぶオウムの声はうるさいと思ったが、彼らがバオバブの生態系のバランスを保つ一員と知って以来、僕にはその声がまったくうるさくなくなってしまったから不思議だ。

●P90～91　クヌヌラはダムをつくるためにできた町で、ダムで堰き止められた川沿いにもたくさんのバオバブが見られる。これらのバオバブを見るためにはボートで行かなくてはならない。●P92とP93　オーストラリアのバオバブはグレゴリーという種類のみだが、樹皮の色も形も千差万別。同じ種類にはまったく見えない。●P94～95　幹回りを測りようがない形のバオバブも多かった。雨期にはカミナリが多く、落雷に遭い、こんな形に変わってしまったバオバブがいくつかあった。●P96～97　雨期の始まりには突然、稲妻が走り、豪雨が降る。しかし、雨が降らないと、日中には42℃を超え、夜も寝苦しいほど暑い。●P98と99　キンバリー地域の山は3億5000万年前の地層。とてつもなく古い地層の上にもたくさんのバオバブが立っている。

僕がオーストラリアで見たバオバブの中でいちばん太かったバオバブは幹回り17m。この周囲にはバオバブの双葉が生えていた。

オーストラリアではカササギ、ヒバリ、ハヤブサ、トビ、ワシ、チョウゲンボウ、ヨタカ、フクロウなど、多くの鳥がバオバブを巣にしている。

牢屋に使われたバオバブ

ダービーという町の南に「Boab Prison Tree」と呼ばれているバオバブがある。ボアブ（＝バオバブ）刑務所という呼び名が表わすように、この木は留置場として使われていた。

1800年代、ブラックバーダーと呼ばれた白人の誘拐犯たちが、真珠取りのダイバーとして強制的に働かせるために、アボリジニの人たちを誘拐していた。誘拐犯たちは真珠工場と取引をして彼らを売り渡していたようだ。真珠業者の船が来るまで、アボリジニの人たちは鎖に繋がれ、バオバブの中に押し込められていたのだ。問題なのは土地の有力者が誘拐犯を応援していた節があることだ。若いアボリジニの人たちが連れ去られていなくなることによって、生活が平和になると思っていたようだ。結局、アボリジニの人たちの抵抗に遭い、首謀者は殺され、人々は解放された。

しかし、この後もバオバブには牢屋としての歴史が続く。1887年に政府はダービーに正式な刑務所をつくった。そこには多くのアボリジニの人たちが拘束された。家畜を盗んで食べたなどという、比較的軽い罪のものが多かった。彼らは何百キロメートルも離れた地域から鎖に繋がれ、その刑務所まで歩かされた。一日に25～50キロメートルは歩かされたそうだ。そのダービーの刑務所に向かう途中にこのバオバブを利用したのである。牢屋として使われたバオバブはほかにもクヌヌラ近郊に2ヵ所ほど残っている。

バオバブが生き生きとして生きるオーストラリアではあるが、実はこの広大な土地には先住民であるアボリジニと白人との軋轢がある。1788年にイギリスの植民地化が始まって以来、アボリジニの人口は実に90パーセントも減少しているのである。もともと彼らは文字を持たない。農耕を行わず、狩猟採集で生活をしていた。また、伝統的にアルコールは存在しないが、今ではアルコール依存症の人が増え、社会問題化している。アボリジニの移住地にアルコールを持ち込むことは法律で禁止されているぐらいだ。アボリジニの人々の体内にはアルコールの分解酵素がほとんどなく、少量の酒でも泥酔してしまうからだ。

彼らの祖先は5万年ぐらい前にオーストラリアに上陸してきたといわれている。自然を崇拝する生活を送り、各部族が自然界に存在する特定のものをトーテムとして崇めている。バオバブとの関係で考えると、食用としてずいぶん使っている。バオバブの若葉や花、根なども食べている。バオバブと共存していたといってよかっただろう。

1993年にはアボリジニの先住権が認められ、アボリジニの居住地域の所有権が認められた。政府から支給された住宅に住み、伝統的な暮らしや考え方を守る人もいれば、白人社会の仕事を持つようになったものもいる。政府から支給されるお金で堕落した生活に陥る人が多いのも事実で、他の国の少数民族問題と同じように、ここでも社会に深い影を落としている。白人側は先住民を大切にし、その文化を大切に守ろうと考える反面、仕事につかないものや、アルコール依存症の人の数の多さに頭を抱えているというのが現状ではないだろうか。

「Boab Prison Tree」は幹回り約15メートル、樹齢は1500年ぐらいではないかといわれている。この木はアボリジニの人々の暮らしをずっと見守ってきた木でもあるし、これからもかつて共存していた彼らをずっと見守っていくことだろう。

●P102　「Boab Prison Tree」の看板にあった写真には、鎖に繋がれて、この木のところまで歩かされてきたアボリジニの人々が写されていた。この木の近くにはいまアボリジニの居住地がある。●P103　アボリジニの人々はこの木の中で立ったまま過ごしたという。悲しい歴史はあったが、この木はいまやダービーの町のシンボル。毎年7月にはボアブ・フェスティバルという祭りが開かれ、競馬が開催されている。●P104～105　クヌヌラの町では野菜や果物畑の中にバオバブが立っている。マンゴー畑の中にもバオバブのグループがあった。

Grandidieri《グランディディエリ》　Fony《フニィ》　Digitata《ディギタータ》

その名は「バオバブ」

世界に９種類ほどあるといわれているバオバブだが、この木に人気がある理由のひとつはその奇妙な樹形のせいだ。それぞれがみんな個性的で、一度見たらちょっと忘れられない。大きくて、ユーモラスで、サン・テグジュペリでなくても童話のなかに登場させたいと思う人は多いと思う。

そんな奇妙な樹形とともにバオバブ人気をもり立てているのは、バオバブという名前だと僕は密かに思っている。「バ・オ・バ・ブ」、この響きにもまた堪らなくユーモアがある。初めて名前を聞いて、そのあとに確認のために聞き返す人は「えっ、バブバブですか」とか、「バブブ？　バブブオ？」なんていって、だいたい正しい名前がいえないのも楽しい。いったいこんなおもしろい名前を誰がつけたのだろう。

一説によると、バオバブというのは16世紀にエジプトを旅行したイタリアの植物学者が「バ・オバブ」と本に書いたのが始まりだという。これはアラビア語の「ブー・フブーブ（種のいっぱいあるヤツ）」が語源らしい。エジプトにバオバブはないから、アフリカあたりからエジプトの市場に実が仕入れられて、その実に種がたくさん入っていたのを見てつけられたのだろうか。

しかし、バオバブの繁殖地では実はバオバブとは呼ばれていない。マダガスカルでは「レニアラ（森のお母さん）」とか、それ

Fony《フニィ》　Madagascariensis《マダガスカリエンシス》　Grandidieri《グランディディエリ》　Gregorii《グレゴリー》　Suarezensis《スアレゼンシス》

が詰まって「レナラ」と呼ばれているし、オーストラリアでは「ボアブ」と呼ぶ。アフリカでは「ウムコーモ」、「クーカ」、「ムブユ」、「ボッキ」、「シラー」、「トウェガ」などと場所によってさまざまだ。このなかで僕がいちばん好きなのは、オーストラリアのボアブ。アボリジニのおばあさんに聞いたところ、ボアブには意味がないというが、これがいちばんバオバブという木のユニークな姿にぴったりくる。

バオバブについていろいろわかってくると学名で呼ぶことも多くなるが、属名のアダンソニアは18世紀にセネガルのバオバブを調査したフランスの植物学者の名前から来ている。そのあとに続くグランディディエリやグレゴリーというのもその地を調査した探検家だ。これらの名前だとやっぱり学名っぽくてなんだかバオバブには似合わないと僕には思える。学名のなかで僕がいちばんバオバブらしいと思っているのはディギタータだ。これはディギタータの葉が子どもの手のように見えることからつけられた名前だという。僕にはこれが変わった格好をした木にぴったりくると思える。ザーとかフニィというのもニックネームみたいで好きだ。

バオバブにはとにかくいろんな呼び方があるが、バ・オ・バ・ブと誰かが口に出すたびになんとなく周囲が明るくなる。そんなバオバブという名前がいちばんこの木らしくていいと思っている。

1 実を割る

よく乾燥したバオバブの実は固いので、殻を金槌で叩いて割る。なかから乾燥した白い果肉が出てくる。そのなかに種が入っている。

2 殻から出す

白い果肉は乾燥していても新しければ食べることができる。マダガスカルで子どもがおやつに食べているのがこの部分。これらをすべて殻から出す。

3 果肉を洗い流す

果肉はできるだけ細かくしたあとで、なかの種が見えてくるまでていねいに水で洗い流しておく。

4 種をきれいにする

果肉が取れにくい場合には、しばらく水に浸けて果肉をやわらかくしてから、指できれいにする。

バオバブを日本で育ててみよう

バオバブの実は見たことがあっても、どんな新芽が出るのか見たことがないという人は多いだろう。それには自分で育ててみるのがいちばんいい。最近ではバオバブの種の缶詰めが売られていて、インターネットで買うこともできる。しかし、単純に種を蒔いただけでは必ずしも発芽しない。実をお土産にもらったが、なかなか芽が出ないというメールをもらったこともある。そこで、オーストラリアのガイドに教えてもらった発芽方法を紹介しよう。発芽に成功したら、冬は室内に置いて寒さを避けてやるといい。

5 種に刺激を与える

種がきれいになったら、それを人肌くらいのお湯に入れて半日ほど置く。こうすると種が少し大きくなってくるが、動物のお腹に入っていたことを想定した作業のようだ。

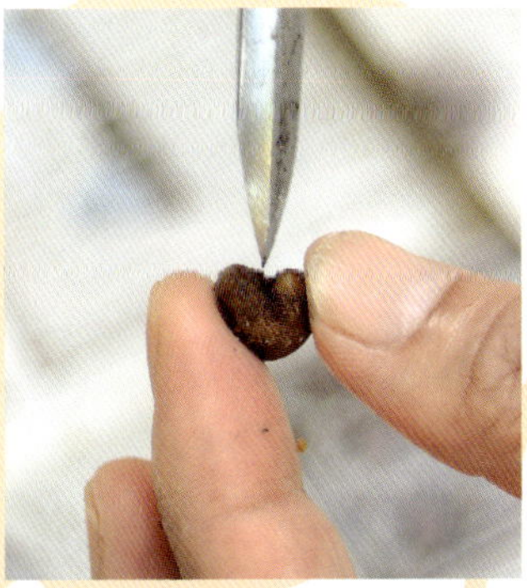

6 切り目を入れる

種のくぼんだヘソのような部分に、ハサミなどで1mmほどの切り目を入れる。切り目を入れると種の厚い殻が破れやすくなるらしい。

7 種を蒔く

できれば、種蒔き用の土などに種を埋めて薄く土をかける。蒔きどきは春から夏がいいが、梅雨が明けてからのほうが種が腐りにくいし、発芽が早い。

8 発芽する

その年の気候や場所にもよるが、早ければ、1～2週間で双葉が出始める。夏以外は水のやりすぎに注意し、冬は室内に置く。

オーストラリアでのバオバブの発芽の様子。種からはまずもやしのような根が出て（左）、1ヵ月ほどで双葉の中心から多数の葉が出てくる（右）。根の白い部分をかつてアボリジニの人々は食べていたそうだ。ピーナツのような味がする。

バオバブQ&A

Q1

バオバブが星を食べつくしてしまうって、本当ですか？

A1

バオバブが星を食べつくすということは童話のなかでだけです。

『星の王子さま』のなかで、作者のサン・テグジュペリが悪いものは小さいうちに退治してしまわないと、大きくなって手に負えなくなるというたとえ話のためにバオバブを登場させただけで、これは事実ではありません。バオバブは１００種類以上も利用法があるほどで、むしろ僕たち人間にとって有用な木です。アフリカでいちばん大きくなる木だったために、星を食べつくす木として描かれたのだと思います。

Q2

いちばん大きなバオバブはどれくらいですか？

A2

僕がこれまで見た最大のバオバブは幹回り45・1メートルでした。

ギネスブックには「アフリカに幹回り54・5メートルのバオバブがあるという」と書かれていますが、これはどこにあるのか書かれていませんので、いまのところどこにあるのかわかりませんし、本当にあるのかも定かではありません。ただ、バオバブのなかではアフリカにあるディギタータがいちばん太くなる種類なので、アフリカのどこかにないか、僕も探し続けています。

Q3

バオバブの寿命はどれくらいですか？

A3

バオバブには年輪がないため正確な寿命はわかりません。

マダガスカルやアフリカで大きなバオバブの樹齢を聞くと、樹齢１０００年とか２０００年などといわれます。これはかなりアバウトな数字ですが、暴風などで倒れない限り１０００年以上は生きるのではないかと推測しています。

Q4

バオバブのお酒はありますか？

A4

お酒をつくっているという話を聞いたことはありません。

もし、バオバブ酒があったらぜひ僕も飲んでみたいのですが、そういうお誘いを受けたことはありません。ただ、ジンバブエのゴナレゾウ国立公園に行ったとき、バオバブコーヒーをつくってもらいました。種をコーヒー豆のように煎って淹れてくれたのですが、マイルドでおいしい味でした。

Q5

バオバブは材木になりますか？

A5

バオバブは伐られると、あっという間に分解されるので材木にはなりません。

Q6
バオバブは花が咲きますか？

A6
バオバブは全種類とも花が咲きます。

大別すると、夜咲きの白い花と昼咲きの赤い花があります。マダガスカルのグランディディエリとザーは6～7月ごろ、フニィは3月ごろに咲きます。アフリカのディギタータは10月ごろ、オーストラリアのグレゴリーは11月ごろから咲きます。ただし、天候によっても変わってきます。

Q7
日本でバオバブの木を見ることはできますか？

A7
日本の植物園でバオバブを見ることができます。

バオバブの木は、新潟県立植物園、豊橋総合動植物公園、京都府立植物園、高知県立牧野植物園、国営沖縄記念公園熱帯ドリームセンターにあります。木はそれほど大きいものではありませんが、京都府立植物園などでは夏に花も見られます。

Q8
バオバブは食べられますか？

A8
果肉や葉が食べられます。

果肉を水に溶かして砂糖を入れたジュースがマダガスカルの市場に売られていました。アフリカでは生の若葉をサラダのようにして食べています。新芽の根の上部の白いところをオーストラリアのアボリジニの人々は食べています。

Q9
バオバブは日本で育てることができますか？

A9
水やりに注意し、冬の寒さを凌げれば育てられます。

バオバブが生育しているのは熱帯地方の乾期と雨期のある国です。ですから、まず日本の厳しい冬を屋外で越すことは無理です。温室か室内の明るい窓辺などで育てる必要があります。また、あまりたくさん水をやりすぎても根腐れするので注意が必要です。

Q10
バオバブを見るのにおすすめの国はどこですか？

A10
マダガスカルと南アフリカ、オーストラリアがおすすめです。

僕のおすすめは本書でも紹介した3ヵ国ですが、どんなバオバブが見たいかによってそのなかから選ばれるといいと思います。いろんな種類のバオバブを見たいならマダガスカル、大きなバオバブと動物を見たいなら南アフリカ、キャンプをしながら小さくても変わったバオバブを見たいならオーストラリアです。

地球遺産 巨樹バオバブ
BAOBAB

写真　吉田 繁 Shigeru Yoshida

1958年東京生まれ。広告・雑誌・PR誌などの仕事のかたわら、1990年ごろから巨樹を中心に自然写真を撮り続けている。91年より全国カレンダー展において、通産大臣賞、大蔵省印刷局局長賞、日本商工会議所会頭賞などを受賞。デジタル写真の分野でも先駆者として活躍中。日本写真家協会会員。著書には『地球遺産 最後の巨樹』『一眼デジタル虎の巻』（以上、講談社/共著）、『千年の森へ』（アスペクト/共著）がある。 http://bigtree.maxs.jp/

文　蟹江 節子 Setsuko Kanie

長野県生まれ。自然・アウトドア関係の書籍、雑誌を中心に執筆するかたわら、講演などでも活躍中。吉田繁氏とともに世界各地の巨樹や森の取材を重ね、「世界の巨樹を見に行く会」でのツアーも行っている。著書には『四万十 川がたり』（山と溪谷社/共著）、『千年の森へ』（アスペクト/共著）がある。
http://kanie.web.infoseek.co.jp/

ブックデザイン　清水 悟 Satoru Shimizu

1969年神奈川県生まれ。広告制作会社勤務を経て、シミズ・デザイン事務所を設立。グラフィック・CFなど広告を中心に活躍し、朝日広告賞、読売広告賞などさまざまな広告賞を受賞。パッケージデザイン、イラスト、装幀も手がける。96年より巨樹カレンダーをデザイン。吉田繁氏の写真、蟹江節子氏のコピーで通産大臣賞受賞ほか各賞を連続受賞。

地《ち》球《きゅう》遺《い》産《さん》　巨《きょ》樹《じゅ》バオバブ

2005年12月10日　第1刷発行

写真　吉田《よしだ》 繁《しげる》
文　蟹江《かにえ》 節子《せつこ》
ブックデザイン　清水 悟

発行者　野間佐和子
発行所　株式会社 講談社
東京都文京区音羽2丁目12-21　〒112-8001
編集：03-5395-3528
販売：03-5395-3622
業務：03-5395-3615
印刷所　共同印刷株式会社
製本所　大口製本印刷株式会社

落丁本、乱丁本は購入書店名を明記のうえ、小社業務部あてにお送りください。送料小社負担にてお取り替えします。
なお、この本の内容についてのお問い合わせは生活文化局Aあてにお願いいたします。
ISBN4-06-213187-0
定価はカバーに表示してあります。